Réduire la faim de moitié :
Atteindre le premier objectif du Millénaire pour le développement par « une approche inhabituelle »

Shenggen Fan

Institut international de recherche sur les politiques alimentaires
Washington D.C.

Juin 2010
(Traduit en Septembre 2010)

À PROPOS DE l'IFPRI

L'Institut international de recherche sur les politiques alimentaires (IFPRI) a été fondé en 1975. Il est l'un des 15 centres de recherche agricole dont les fonds proviennent principalement de gouvernements, fondations privées et organisations internationales et régionales, et dont la plupart appartiennent au Groupe consultatif pour la recherche agricole internationale (CGIAR).

Couverture : Per Arnoldi. Mise en page : Joan Stephens, JKS Design.

DOI : http://dx.doi.org/10.2499/0896295397

ISBN (10 chiffres) : 0-89629-539-7
ISBN (13 chiffres) : 978-0-89629-539-1

Table des matières

Tableau & Figures

Encadrés

Remerciements

De sincères remerciements sont adressés à Bella Nestorova et Tolulope Olofinbiyi pour leur aide précieuse au niveau des recherches, ainsi qu'à Heidi Fritschel pour son aide rédactionnelle. Les commentaires utiles et les contributions de nombreux collègues de l'IFPRI ont été également très appréciés et des remerciements tout particuliers vont à Rajul Pandya-Lorch, Klaus von Grebmer, Maximo Torero, Mark Rosegrant, Marie Ruel, Kwadwo Asenso-Okyere et Ousmane Badiane.

Partenaires et donateurs

L'IFPRI remercie sincèrement les généreux financements accordés sans restriction par l'Afrique du Sud, l'Allemagne, l'Australie, le Canada, la Chine, le Danemark, les États-Unis, la Finlande, la France, l'Inde, l'Irlande, l'Italie, le Japon, la Norvège, les Pays-Bas, les Philippines, le Royaume-Uni, la Suède, la Suisse et la Banque mondiale.

Résumé analytique

En 2000, les leaders mondiaux ont défini l'objectif de réduire de moitié, entre 1990 et 2015, la proportion des personnes souffrant de la faim. Cet objectif relativement modeste fait partie du premier objectif du Millénaire pour le développement, qui demande également de réduire de moitié le nombre de personnes vivant dans la pauvreté et d'assurer le plein emploi. Cependant, les efforts visant à atteindre l'objectif de réduction de la faim se sont fortement écartés de leur voie et le monde s'éloigne de plus en plus de l'objectif fixé. Il est encore possible de parvenir à l'objectif de la réduction de la faim d'ici à 2015, mais cela ne sera pas possible en utilisant les moyens habituels. Une approche « inhabituelle » – plus subtile, plus innovatrice, mieux ciblée et plus rentable pour réduire la faim est indispensable. Cette nouvelle approche se compose de cinq éléments :

Investir dans deux piliers essentiels : l'agriculture et la protection sociale

Investir dans l'agriculture et le développement rural constitue la première mesure à prendre pour réduire la pauvreté et la faim dans les pays en développement. La plupart des personnes démunies et affamées vivent dans des régions rurales d'Afrique et d'Asie. Alors que ces personnes tirent leurs moyens de subsistance de l'agriculture, nombreux sont les pays en développement qui continuent à sous-investir dans ce secteur. Selon des recherches effectuées en Afrique et en Asie, les investissements dans la recherche agricole et la vulgarisation ont un impact important sur la productivité agricole et la pauvreté, les investissements dans l'infrastructure rurale pouvant même générer des avantages bien plus importants encore.

Pour améliorer la vie des plus démunis, des investissements à plus grande échelle dans la protection sociale centrés sur la nutrition et la santé sont également essentiels. Bien que les décideurs comprennent de plus en plus l'importance d'investir dans la protection sociale, il existe toujours peu de programmes de protection sociale fondés sur des activités productives ciblant les familles les plus démunies et celles souffrant de la faim, ainsi que l'augmentation de la capacité de production.

Introduire de nouveaux acteurs

Les nouveaux acteurs du développement mondial – secteur privé, organisations philanthropiques et donateurs d'économies émergentes – ont un rôle important à jouer dans la réduction de la faim dans les pays en développement. Mais les opportunités offertes par ces partenaires du développement n'ont pas été pleinement exploitées. Avec des incitations appropriées par exemple, le secteur privé pourrait fournir des investissements et des innovations efficaces et durables pour aider dans la lutte contre la faim. Toutefois, dans de nombreux pays, les entreprises privées sont confrontées à un manque d'incitations et à un environnement économique peu stimulant, notamment des droits de propriété mal définis. Les donateurs des économies émergentes jouent à présent un rôle accru dans la mobilisation de l'aide au développement, mais n'ont pas encore été complètement intégrés dans l'agenda mondial de la sécurité alimentaire.

Adopter une approche par le bas, menée par les pays concernés

Des politiques réellement efficaces et durables qui sont bien adaptées au contexte local peuvent aider les pays à maximiser l'impact local de l'agenda mondial et à exploiter l'assistance externe au développement. Ceci implique de plus en plus des approches laissant l'initiative au pays concerné. Les réformes réussies seront non seulement dirigées par le pays, mais seront aussi de nature locale, les pauvres servant de moteur dans le processus de développement.

En même temps, d'autres questions telles que le changement climatique, le commerce et la lutte contre les maladies doivent être prises en main au niveau mondial. La tâche qui revient alors à chaque pays est d'assimiler et d'intégrer ces problèmes mondiaux en développant sa propre stratégie au niveau national.

Concevoir des politiques s'appuyant sur des preuves et des mises à l'essai

Les projets pilotes et la mise à l'essai des politiques peuvent améliorer l'élaboration des stratégies en fournissant aux décideurs des informations sur ce qui fonctionne avant que les politiques ne soient mises en œuvre à tous les niveaux. L'expérimentation peut augmenter le taux de succès des réformes en permettant d'appliquer à plus grande échelle les projets pilotes réussis et d'éliminer les options stratégiques infructueuses. Pour réussir grâce à cette approche, les décideurs doivent permettre un contrôle impartial des essais et transformer rapidement les leçons apprises en réformes à grande échelle. Ces changements peuvent générer un environnement dans lequel les politiques sont continuellement mises à l'essai, testées, ajustées et remises à l'essai avant d'être appliquées à une plus grande échelle.

Accorder les actes aux paroles

Aux niveaux mondial, régional et national, les décideurs se sont engagés à appliquer des politiques et à réaliser des investissements pour améliorer la sécurité alimentaire. Mais bien souvent, ils ne sont pas parvenus à respecter ces engagements. En 2003, les chefs d'État africains ont promis que leurs gouvernements alloueraient 10 % des budgets publics nationaux au secteur agricole d'ici à 2008, mais les données de 2007 montrent que seule une poignée de pays ont atteint cet objectif. Ces engagements financiers doivent s'appuyer sur des institutions et des gouvernances solides aux niveaux mondial, régional et national et être surveillés à temps et dans la transparence.

Suivre à plus grande échelle « une approche inhabituelle »

Certains aspects de cette approche inhabituelle ont déjà été appliqués avec succès dans certains pays, mais pour avoir un impact véritable sur la réduction de la faim dans le monde, il faut les appliquer à une plus grande échelle et les étendre à de nouveaux pays.

À une plus grande échelle, le système mondial de gouvernance alimentaire nécessite lui-même d'être réformé pour mieux fonctionner. Les réformes devraient inclure (1) l'amélioration des institutions existantes et la création d'une structure de coordination pour l'alimentation et l'agriculture ; (2) la formation de systèmes « de gouvernement à gouvernement » pour les prises de décision en matière d'agriculture, d'alimentation et de nutrition ; et (3) l'engagement explicite dans le système mondial de l'alimentation des nouveaux acteurs – le secteur privé et la société civile – conjointement avec les gouvernements dans des organisations ou des accords internationaux nouveaux ou réorganisés. La combinaison de ces trois options, – un rôle de premier plan étant accordé aux économies émergentes – est nécessaire.

En dernier lieu, en dépit des rôles distincts incombant aux acteurs mondiaux et nationaux, il est important qu'ils travaillent ensemble, conjuguant leurs efforts pour combattre la pauvreté et la faim. Un système plus solide de responsabilité réciproque entre ces deux groupes pourra contribuer à maintenir sur la bonne voie les progrès réalisés.

Des pas dans la mauvaise direction

En 2000, lorsque les dirigeants mondiaux se sont retrouvés pour définir des objectifs destinés à améliorer la vie des plus démunis, ils ont fixé l'objectif de réduire de moitié, entre 1990 et 2015, la proportion des personnes souffrant de la faim. Cet objectif relativement modeste est l'un des volets du premier objectif du Millénaire pour le développement, qui demande également de réduire de moitié la part de la population vivant dans la pauvreté et d'assurer le plein emploi. Toutefois, les efforts réalisés en vue de réduire la faim se sont fortement écartés de leur voie et le monde s'éloigne de plus en plus de l'objectif fixé. Il est encore possible de réduire de moitié la population souffrant de la faim d'ici à 2015, mais pour ce faire, l'approche habituelle ne suffira pas.

Les progrès réalisés au cours des dernières décennies en vue de réduire la faim ont été décevants. Bien que le pourcentage des personnes sous-alimentées ait légèrement baissé au niveau mondial, leur nombre absolu a augmenté – dépassant le milliard en 2009 – la majorité d'entre elles vivant en Asie du Sud et dans l'Afrique subsaharienne. La faim a été plus omniprésente que la pauvreté – de meilleurs revenus n'ayant souvent pas réussi à se traduire par une meilleure nutrition pour tous les membres d'un foyer. Si cette tendance se poursuit, la sécurité alimentaire mondiale se détériorera encore davantage et l'objectif du Millénaire pour le développement s'écartera encore bien davantage du but fixé (voir Figure 1 page suivante).

Si l'on veut garder l'espoir d'atteindre l'objectif du Millénaire pour le développement relatif au problème de la faim, il faudra rapidement accélérer les progrès au cours des prochaines années. À l'échelle mondiale, pour atteindre l'objectif visé (voir Encadré 1), le nombre de personnes sous-alimentées doit baisser de 436 millions de 2009 à 2015, soit 73 millions par an. Mais l'objectif du Millénaire pour le développement est également conçu pour être atteint dans chaque pays. De rapides progrès devront donc être réalisés dans les pays où vit le plus grand nombre absolu d'affamés, à savoir le Bangladesh, la République démocratique du Congo, l'Inde, l'Indonésie et le Pakistan.

En outre, même si l'objectif du Millénaire pour le développement visant la réduction de la faim est réalisé d'ici à 2015, il restera encore près de 600 millions de personnes sous-alimentées dans le monde en développement. Et ces chiffres mondiaux peuvent masquer les énormes différences entre les pays. Du fait, par exemple, de la taille de la Chine, les résultats remarquables de ce pays ont été jusqu'ici responsables d'une large part des progrès mondiaux pour réduire la faim. Mais dans de nombreux pays d'Afrique et d'Asie du Sud, les taux de sous-alimentation continuent d'être élevés. Et l'objectif ultime – obligation morale incombant à l'humanité – doit être d'éradiquer totalement la faim dans le monde.

Figure 1—Nombre de personnes souffrant de la faim, 1990–2015

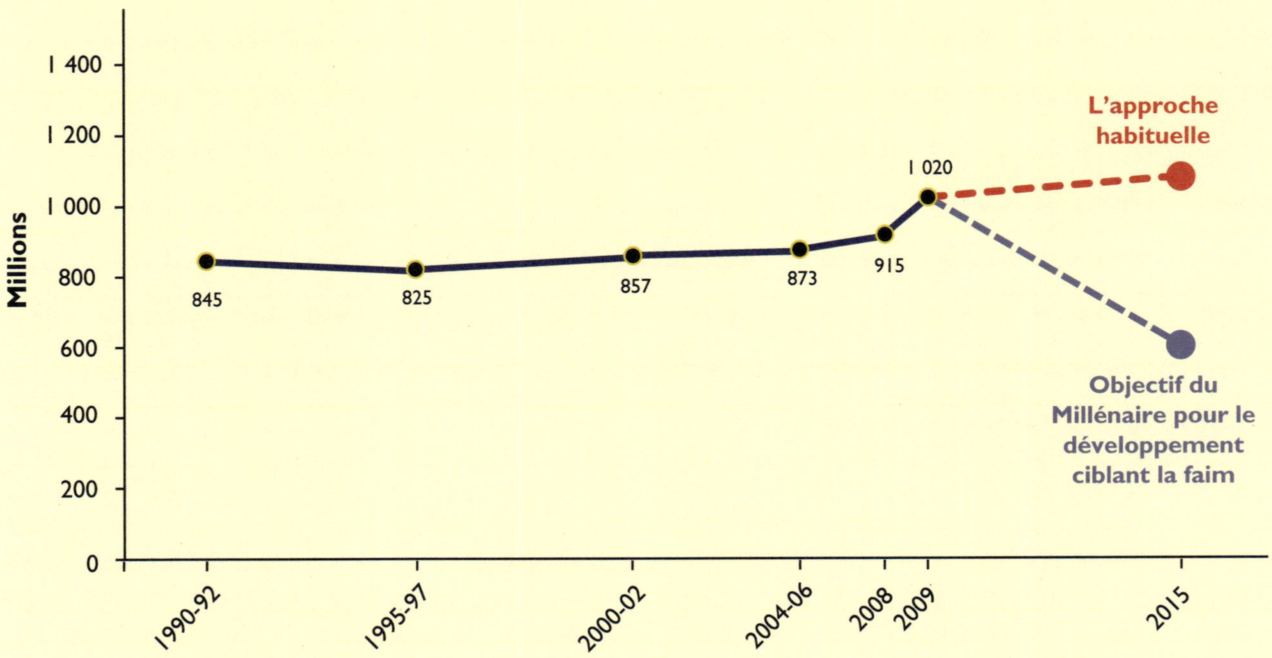

Source : FAO 2009 et calculs de l'auteur.

Note : La ligne rouge en pointillé est une extrapolation linéaire de l'évolution du nombre de personnes souffrant de la faim entre 1990 et 2009. La ligne mauve en pointillé indique l'évolution nécessaire à la réalisation de l'objectif du Millénaire pour le développement visant à réduire de moitié le nombre des affamés.

Encadré 1—L'objectif du Millénaire pour le développement visant la réduction de la faim : faisons les calculs

Le premier objectif du Millénaire pour le développement vise entre autres à réduire de moitié, entre 1990 et 2015, la proportion de la population souffrant de la faim. Comme en 1990, 16 % de la population mondiale était sous-alimentée, respecter l'objectif du Millénaire fixé implique de réduire ce pourcentage à 8 % d'ici à 2015. Bien sûr, depuis 1990, la population mondiale s'est accrue. Selon les Perspectives d'évolution de la population mondiale des Nations Unies, la population mondiale comptera 7,3 milliards d'habitants en 2015, 8 % de ce total représentant 584 millions de personnes. L'Organisation des Nations Unies pour l'alimentation et l'agriculture (FAO) estime que le nombre de personnes sous-alimentées s'élevait à 1 020 millions en 2009. Ce chiffre doit donc baisser de 436 millions en l'espace de 6 ans (de 2009 à 2015), soit 73 millions de personnes par an.

Afin de pouvoir fournir aux décideurs des chiffres exacts et actualisés, les chercheurs ont besoin d'une meilleure méthode pour estimer le nombre de personnes sous-alimentées. Les estimations actuelles, qui s'appuient sur les données des bilans alimentaires nationaux, reflètent davantage l'alimentation disponible au niveau national que l'accès à l'alimentation au niveau des ménages. Un passage à des enquêtes sur les dépenses des ménages pourrait remédier à ce problème (Smith 1998). Mais même si la méthodologie est améliorée, il restera vrai, toutefois, que l'objectif du Millénaire pour le développement visant à la réduction de la faim n'est pas en bonne voie et que le nombre de personnes sous-alimentées a atteint un niveau inquiétant.

Une tâche de plus en plus complexe

Réduire la faim dans le monde ne va certainement pas devenir plus facile. La sécurité alimentaire dépend de plus en plus de facteurs non agricoles tels que l'énergie, le commerce et les finances. Les forces qui ont provoqué la flambée des prix des denrées alimentaires en 2007–2008 (coût élevé du pétrole, production accrue de biocarburants et restrictions des exportations pour protéger l'approvisionnement alimentaire national) ne sont pas près de disparaître. Les nouveaux liens, interactions et formes de concurrence entre les secteurs de l'agriculture et de l'énergie persistent. Après avoir atteint au premier trimestre de 2010 un plus haut de 19 mois, les prix du pétrole demeurent élevés et instables. La production de biocarburants s'accroit toujours, bien qu'à un rythme plus lent. Certaines restrictions d'exportation nouvellement imposées, qui restreignent le commerce mondial des céréales, ont été étendues. La diminution de la demande de denrées alimentaires et la stimulation de la production dans des pays tels que la Chine, l'Inde et les États-Unis font que les prix mondiaux n'atteignent plus actuellement les mêmes sommets, tout en restant toutefois élevés. Dans des pays de l'Afrique subsaharienne – comme le Burundi, la République démocratique du Congo et le Rwanda – les prix se sont multipliés par un minimum de 10 % en 2009 (Banque mondiale 2010).

Du fait de la crise financière, les finances commerciales et la disponibilité des crédits agricoles n'ont pas encore retrouvé leur niveau d'avant la crise, exerçant une forte contrainte sur l'agriculture et tout spécialement sur les petits exploitants agricoles. La sécurité alimentaire des groupes vulnérables et la productivité des petits exploitants risquent d'être encore davantage menacées à mesure que la crise perd de son acuité et que l'aide alimentaire, les dispositifs de protection sociale et les mesures de relance diminuent.

Dans l'avenir, les agriculteurs du monde auront besoin de nourrir davantage de bouches avec une gamme plus large de produits alimentaires. D'ici à 2050, la population mondiale devrait atteindre 9 milliards d'habitants, avec une croissance démographique plus marquée dans les zones urbaines et les pays en développement (FAO 2009). Il est prévu que la population urbaine croisse même plus vite que l'ensemble de la population, doublant même pratiquement entre 2007 et 2050 (UN 2007). Les migrations de la campagne vers la ville et les revenus plus élevés, ne vont pas seulement amplifier la demande en produits alimentaires mais vont aussi changer la qualité, la diversité et la composition des produits demandés. Dans les régions urbaines, les habitudes de consommation changent, passant d'aliments de base à des aliments à valeur ajoutée plus élevée comme la viande, les produits laitiers, les fruits et les légumes (Gulati *et al.* 2007 ; Pingali 2007). Les consommateurs demandent aussi davantage de produits transformés et prêts à être consommés, et ils se soucient de plus en plus de la qualité et de la sécurité des aliments (Swinnen 2007).

La croissance démographique fera également s'alourdir la pression sur les sols et l'eau. À titre d'exemple, la quantité d'eau disponible par habitant au niveau mondial devrait diminuer d'un tiers entre 2000 et 2050, uniquement du fait de la croissance de la population mondiale (Rosegrant *et al.* 2009). Le changement climatique exercera une pression supplémentaire sur les ressources naturelles et la sécurité alimentaire du fait des températures plus élevées et plus instables, des changements dans les schémas de précipitations et de la fréquence accrue de phénomènes extrêmes tels que sécheresses et inondations. Plus inquiétant encore, sans de sérieux efforts d'atténuation des impacts et d'adaptation, le changement climatique fera qu'en 2050, 25 millions d'enfants supplémentaires seront sous-alimentés (Nelson *et al.* 2009).

Ces nouvelles pressions constitueront un fardeau supplémentaire pour la sécurité alimentaire des groupes les plus vulnérables – les plus démunis et ceux qui souffrent de la faim – qui appartiennent généralement à des groupes sociaux exclus, possèdent peu de biens et vivent dans des régions rurales isolées ayant un accès limité aux routes, au marché, à l'enseignement et aux services de santé (von Braun, Hill et Pandya-Lorch 2009). Pour améliorer les moyens d'existence des groupes les plus vulnérables, des actions nouvelles et différentes s'imposent de toute urgence.

Une nouvelle approche « inhabituelle » pour combattre la faim

De nombreuses politiques ont été appliquées et de nombreux accords ont été signés en vue de réduire radicalement la pauvreté et la faim. Assurément, des progrès ont été réalisés, mais le nombre croissant de personnes souffrant de la faim montre clairement que les approches actuelles ne conviennent pas à la tâche qui s'annonce. Les mesures habituelles ne suffiront pas pour atteindre l'objectif du Millénaire pour le développement visant à la réduction de la faim. Ce qu'il faut, c'est une approche plus subtile, plus innovatrice, mieux ciblée et rentable pour combattre la faim : il faut suivre « le cours inhabituel des choses ». Les éléments de cette nouvelle approche sont résumés au Tableau 1 et sont traités plus en détail dans les sections suivantes. Certains aspects de cette approche ont déjà remporté des succès dans quelques pays, mais ils doivent être appliqués à une plus grande échelle et étendus à de nouveaux pays pour avoir un impact réel sur la réduction de la faim dans le monde.

Tableau 1—Tendance actuelle comparée á « une approche inhabituelle »

TENDANCE ACTUELLE	APPROCHE INHABITUELLE
Sous-investir dans l'agriculture avec une attention limitée pour les investissements complémentaires.	**Investir dans deux piliers essentiels : l'agriculture et la protection sociale** Investir davantage dans l'agriculture mais investir également dans la protection sociale en mettant l'accent sur la nutrition et la santé ainsi que sur une productivité agricole accrue.
Marginaliser l'engagement effectif du secteur privé, des organisations philanthropiques et des donateurs des économies émergentes dans l'amélioration de la sécurité alimentaire.	**Introduire de nouveaux acteurs** Préparer le terrain pour que le secteur privé, les organisations philanthropiques et les donateurs des économies émergentes puissent assumer un rôle grandissant dans l'amélioration de la sécurité alimentaire.
Suivre une approche du développement dirigée par les donateurs et allant du haut vers le bas.	**Adopter une approche par le bas, menée par les pays concernés**
Mettre en œuvre à grande échelle des politiques et des programmes sans les avoir auparavant testés, ne pas les surveiller, et ne pas évaluer les progrès à temps.	**Concevoir des politiques s'appuyant sur des preuves et des mises à l'essai** Se servir de preuves et d'expériences innovatrices réalisées à petite échelle pour concevoir des politiques et des programmes, surveiller et contrôler les progrès réalisés, puis appliquer rapidement à grande échelle les interventions réussies.
Laisser les engagements expirer et mettre lentement les solutions en œuvre, sans que les responsabilités ou les autorités soient clairement définies.	**Accorder les actes aux paroles** Maintenir les engagements et mettre en œuvre à temps les politiques. Tenir les personnes et les institutions responsables des succès et des échecs des réalisations faites sous leur autorité.

Source : Conçu par l'auteur.

Investir dans deux piliers essentiels : l'agriculture et la protection sociale

De nombreuses études soulignent l'importance de la première phase dans la réduction de la pauvreté et de la faim dans les pays en développement: investir dans l'agriculture et le développement rural (Diao *et al.* 2007 ; Banque mondiale 2007). La majorité de la population mondiale pauvre et sous-alimentée vit dans des régions rurales d'Afrique et d'Asie et tire ses moyens d'existence de l'agriculture. Des millions de pauvres fermiers se battent pour produire un peu sur des lopins des sols appauvris, loin du marché le plus proche. Le peu qu'ils cultivent n'arrive pas à leur fournir, ni à leur famille, une alimentation saine. Des investissements prolongés dans l'agriculture peuvent faire une énorme différence pour les agriculteurs pauvres en leur offrant l'accès à des entrants tels que des semences de haute qualité, des engrais á un prix abordable et l'irrigation, ainsi qu'en construisant l'infrastructure pouvant les relier aux marchés. Mais de nombreux pays en développement continuent à sous-investir dans l'agriculture. En Asie du Sud et dans l'Afrique subsaharienne – régions qui connaissent les taux les plus élevés de personnes sous-alimentées – les dépenses du gouvernement sont à la traîne par rapport à l'Asie de l'Est (voir Figure 2).

En Afrique et en Asie, des recherches ont montré qu'investir dans la recherche agricole et la vulgarisation a de forts impacts sur la productivité agricole et la pauvreté. En Chine, chaque 10 000 yuans (environ 1 200 $US) supplémentaires dépensés dans la recherche agricole en 2000 permettaient à 11 personnes des régions rurales de sortir de la pauvreté (Fan, Zhang et Zhang 2004). En Ouganda, pour chaque million de shillings supplémentaire (environ 920 $US) investi dans la recherche agricole en 1999, 58 personnes étaient sorties de la pauvreté (Fan et Chan-Kang 2005). En Éthiopie, une visite d'encadrement agricole réduisait la pauvreté de 9,8 points de pourcentage et augmentait la croissance de la consommation de plus de 7 points de pourcentage (Dercon *et al.* 2009).

Investir dans l'infrastructure rurale peut être une source de bénéfices encore plus grands. Ainsi, des années 1960 aux années 1990, l'Inde a réussi à réduire la pauvreté de façon substantielle et continue grâce à des investissements publics considérables dans l'infrastructure rurale. Des preuves indiquent que pour chaque million de roupies supplémentaire (environ 23 200 $US) investi par l'Inde dans l'infrastructure routière rurale dans les années 1990, 881 personnes étaient sorties de la pauvreté et que pour chaque million de roupies supplémentaire investi dans la recherche agricole, 436 personnes étaient sorties de la pauvreté dans les régions rurales (Fan, Gulati et Thorat 2008).

En plus des investissements dans l'agriculture, des investissements à grande échelle dans la protection sociale, centrés sur la nutrition et la santé, sont également cruciaux pour améliorer la vie des plus démunis. Bien que les décideurs comprennent de plus en plus l'importance des dépenses de protection sociale, il existe peu de programmes dans ce domaine qui sont bien ciblés sur les ménages les plus démunis et malnutris (Coady et Fan 2008). Il existe également des preuves que les programmes sociaux sont affectés par des coûts administratifs élevés, la corruption et un nombre excessif de volets de programmes non

Figure 2—Part des dépenses agricoles dans le PIB agricole, 1980–2005

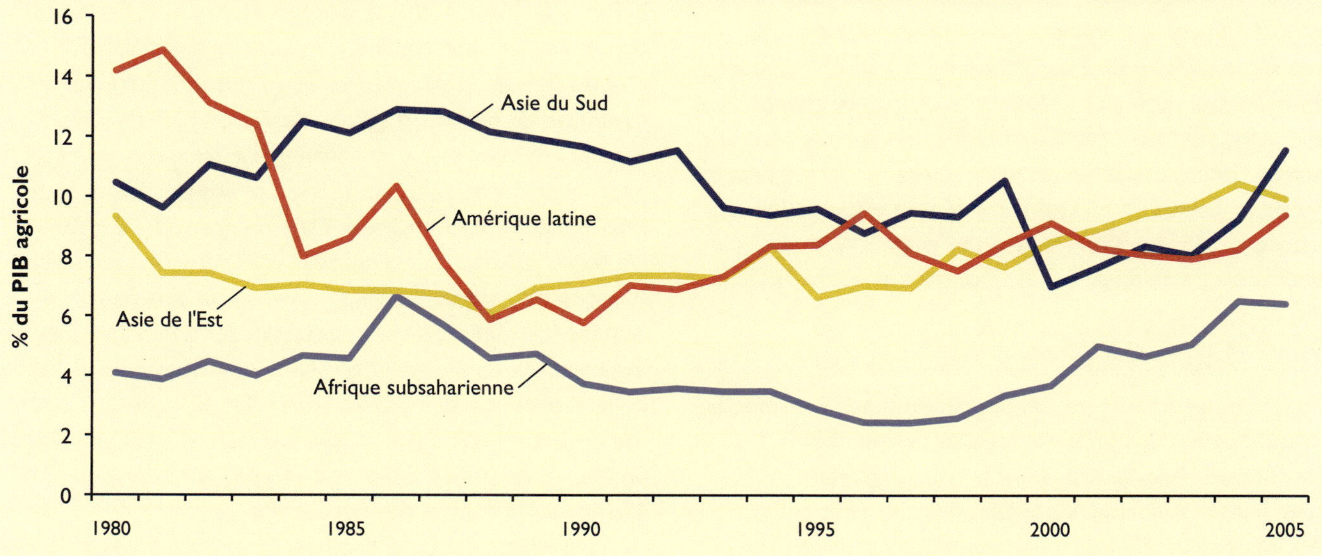

Source : Chiffres calculés à l'aide des données du *Government Financial Statistics Yearbook* (divers numéros) du Fonds monétaire international (FMI).

coordonnés et réalisés en double ; en d'autres termes, les gouvernements dépensent de l'argent, sans pour autant parvenir aux résultats désirés (Coady et Fan 2008).

Cependant, il existe aussi des réussites. Des dispositifs de protection sociale à grande échelle tels que le programme d'allocations conditionnelles du PROGRESA (actuellement Oportunidades), au Mexique, a grandement contribué à stimuler la santé, la nutrition et l'éducation des enfants, tout en étant également un puissant instrument de réduction de la pauvreté. PROGRESA se proposait de développer le capital humain des ménages pauvres en associant les interventions en matière d'éducation, de santé et de nutrition au sein d'un seul programme. Les allocations conditionnelles étaient subordonnées à la scolarité et aux visites aux centres de soins. Selon l'évaluation des impacts, PROGRESA a réduit de manière efficace la gravité de la pauvreté au sein des bénéficiaires du programme, et ce dans une proportion de 45 % (Skoufias 2005), a augmenté l'apport calorique moyen de 7 % et a réduit les retards de croissance des enfants. Au Nicaragua, le programme de versement conditionnel de prestations de la Red de Protección Social a entraîné une baisse de 5,5 points de pourcentage du nombre d'enfants accusant des retards de croissance (Maluccio et Flores 2005).

Plus important encore, il existe des programmes intersectoriels qui permettent de s'attaquer au cercle vicieux pauvreté, insécurité alimentaire, malnutrition et mauvaise santé. L'agriculture a des ramifications importantes pour la nutrition et la santé, qui, à leur tour, sont essentielles pour la productivité et la croissance agricoles. Toutefois, les professionnels de chacun de ces secteurs continuent à travailler isolément, sans aucunement exploiter les synergies potentielles. Un exemple récent de la réussite d'efforts intersectoriels est le Programme de protection sociale fondé sur des activités productives de l'Éthiopie, mis en œuvre en tant que volet d'un programme plus vaste de sécurité alimentaire, soutenu par d'autres interventions complémentaires (voir Encadré 2 page suivante). Au Brésil, des politiques publiques axées sur la croissance économique et l'équité, favorisant par exemple l'accès généralisé à la santé, à l'éducation, à l'alimentation en eau et à l'hygiène, ont eu un impact considérable sur la sous-alimentation des enfants. De 1974 à 2007, le taux des retards de croissance infantile est passé de 37 à 7 % (Monteiro *et al.* 2010).

Introduire de nouveaux acteurs

Les nouveaux acteurs du développement mondial – secteur privé, organisations philanthropiques et donateurs d'économies émergentes – ont un rôle important à jouer dans la réduction de la faim dans les pays en développement. Mais les opportunités offertes par ces partenaires du développement n'ont pas été pleinement exploitées. Avec les incitations appropriées, par exemple, le secteur privé pourrait fournir des investissements et des innovations efficaces et durables pour aider dans la lutte contre la faim. Toutefois, dans de nombreux pays, les entreprises privées sont confrontées à un manque d'incitations et à un environnement économique peu stimulant, notamment des droits de propriété mal définis. En outre, de nombreuses entreprises continuent à s'engager dans des actions philanthropiques à court terme pour satisfaire aux exigences de responsabilité sociale qui leurs sont posées. L'élan leur permettant d'aller au-delà de la philanthropie et de développer des initiatives mondiales intégrant les pays en développement dans la chaîne de valeur mondiale ne reprend que lentement.

Quelques modèles prometteurs de participation du secteur privé sont cependant en train d'émerger. De nouveaux modèles commerciaux commencent à mieux intégrer les petits agriculteurs dans les marchés à haute valeur ajoutée. Les revendeurs de produits agricoles du Ghana, du Kenya, du Malawi, du Mali, du Nigeria, de Tanzanie et de Zambie aident les petits agriculteurs à accéder plus facilement à des intrants tels que nouveaux fertilisants et semences à haut rendement, ainsi qu'aux technologies (AGRA 2009). Les hubs ruraux initiés en Inde par le Ministère du Panchayati Raj et la Confédération de l'Industrie Indienne en tant que partenariat public-privé-panchayat (conseil de village), proposent un vaste éventail d'interventions : technologie, meilleurs intrants agricoles, formation et liens avec le marché, de même qu'ils aident les entrepreneurs ruraux à diversifier leurs produits, à standardiser la qualité, et à faire usage d'un 'packaging' innovant (Confédération de l'Industrie Indienne 2010). En Afrique, un nouveau partenariat public-privé – l'Alliance des entreprises contre la faim chronique – réalise des recherches spécifiquement commerciales pour réduire la faim en renforçant les chaînes de valeur alimentaires et en donnant aux pauvres davantage de moyens d'agir. Au Kenya, où l'Alliance des entreprises contre la faim chronique a lancé son premier programme pilote, plus de 30 entreprises privées se sont inscrites et se sont engagées dans l'action (BAACH 2010). Un autre partenariat public-privé est l'Alliance semencière ouest-africaine, dont l'objectif est d'établir une industrie semencière durable pour assurer que les petits agriculteurs disposent en temps voulu de semences abordables et fiables de qualité supérieure (CNFA 2010). En dépit de la rareté des preuves empiriques de leur impact, ces initiatives sont un important pas en avant vers un meilleur engagement du secteur privé dans le développement.

Les organisations philanthropiques sont de plus en plus importantes dans la promotion de l'agenda de la sécurité

Encadré 2—Programme de protection sociale fondé sur des activités productives en Éthiopie

Le Programme de protection sociale de l'Éthiopie fondé sur les activités productives, qui touche plus de 7 millions de ruraux, est le plus large programme de protection sociale de l'Afrique subsaharienne en dehors de l'Afrique du Sud. Faisant partie du programme de Sécurité alimentaire de l'Éthiopie, ce programme cible le versement d'allocations aux ménages démunis de deux façons : soit au moyen de paiements pour des travaux d'utilité publique, soit au moyen d'un soutien financier direct ou de subventions à des ménages sans main-d'œuvre, notamment ceux comprenant des personnes âgées ou invalides. Dans le volet « travaux publics » du programme, les membres en bonne santé de la famille qui sont sélectionnés sont payés 6 birrs éthiopiens – environ 0,75 $US – par jour pour contribuer à un travail, en vue de la constitution d'un capital à l'échelon de la communauté. Environ 34 000 travaux d'utilité publique se concentrant sur la conservation des sols et de l'eau, l'infrastructure sociale et les routes sont initiés chaque année, et se déroulent durant les mois au cours desquels les familles rurales ne sont pas engagées dans des activités agricoles. Les bénéficiaires reçoivent un paiement en argent ou son équivalent sous forme de nourriture. Il est prévu qu'ils participent au programme pendant trois ans.

Le programme de protection sociale fondé sur les activités productives n'est pas une initiative isolée, mais fait partie d'un large ensemble de programmes complémentaires. Il va souvent de pair avec l'Autre programme de sécurité alimentaire (Other Food Security Programme) de l'Éthiopie, qui est conçu pour aider les ménages à augmenter leurs revenus agricoles et à accumuler des actifs. Il fournit des allocations ou des services destinés à améliorer la productivité agricole, tels que crédit, services de vulgarisation rurale, technologie et irrigation. Par exemple, le Programme de constitution d'actifs des ménages (Household Asset Building Programme), une composante de l'Autre programme de sécurité alimentaire, offre au ménage un crédit unique subventionné pour leur permettre de reconstituer leur base d'actifs ou d'acheter des *household extension packages* (ensemble d'intrants agricoles) s'appuyant sur un plan d'activités développé avec l'aide des services de vulgarisation.

Les résultats ont été tant positifs qu'importants. Les ménages bénéficiant des prestations consomment plus de calories – 19 % de plus – et connaissent une augmentation plus importante de leur cheptel que les non-bénéficiaires. Les familles qui ont accès à la fois au Programme de protection sociale et à l'Autre programme de sécurité alimentaire accumulent plus d'actifs, améliorent davantage leur sécurité alimentaire et obtiennent de meilleures récoltes de maïs et de blé que les familles ne participant qu'à un seul programme. Une intervention combinée peut donc apparemment avoir davantage d'effets et offrir des moyens pour sortir de la pauvreté et de l'insécurité alimentaire.

Source : Basé sur Gilligan, Hoddinott et Taffesse (2008) et Banque mondiale (2009).

alimentaire parce qu'elles veulent bien prendre des risques pour aller jusqu'aux pauvres et aider l'entrepreneuriat social. La Fondation Bill et Melinda Gates, par exemple, finance les initiatives qui aident les petits agriculteurs à échapper au cycle de la faim et de la pauvreté, en se concentrant spécialement sur les femmes agricultrices. Les organisations non gouvernementales (ONG) internationales basées dans les pays développés mettent l'accent sur le partenariat, l'innovation et la prise de risques, et sur les résultats de leur travail dans les pays en développement. En partenariat avec des ONG et des gouvernements locaux, Helen Keller International a déjà fait beaucoup pour améliorer la nutrition à une grande échelle (voir Encadré 3 page suivante). Parmi les ONG du Sud, la Fondation pour la recherche M. S. Swaminathan, en Inde, contribue par exemple à la réduction de la faim en ayant recours à la science et à la technologie modernes, adoptant une approche communautaire pour prendre en main les problèmes complexes liés à la réduction de la pauvreté, l'équité entre les sexes et la durabilité environnementale (Lele et Gandhi 2009). La plus grande des ONG du Sud, le Comité bangladeshi pour le progrès rural (BRAC), a élaboré

Encadré 3—Combattre la malnutrition et la cécité grâce au développement de la production alimentaire familiale au Bangladesh

Au Bangladesh, pour des millions de mères et d'enfants, les carences en vitamine A et autres nutriments essentiels ont de graves conséquences telles que mauvaise santé, cécité, malnutrition et mortalité. Des régimes plus variés, incluant notamment fruits, légumes et produits d'origine animale, peuvent aider à empêcher les carences en micronutriments. À partir d'un projet pilote de jardinage et d'éducation en nutrition couronné de succès, qui visait à combattre la malnutrition infantile et la cécité au Bangladesh, Helen Keller International et des ONG locales ont conçu au début des années 1990 le modèle de développement de production alimentaire familiale. Le programme combine jardinage, petits élevages d'animaux, éducation en nutrition et autres activités de développement communautaire et de responsabilisation des femmes. Plusieurs douzaines d'ONG locales et le gouvernement du Bangladesh ont participé activement à son élaboration et à sa mise en œuvre. Les coûts des production alimentaire familiale sont partagés entre les foyers et les ONG partenaires.

Au cours des 20 premières années, le programme a amélioré la sécurité alimentaire de presque 5 millions de gens. L'adoption de systèmes améliorés de production alimentaire familiale, la production de plus grandes quantités d'aliments et de denrées plus variées, ainsi que l'accès toute l'année à des aliments de qualité supérieure, a permis aux mères et aux enfants d'absorber davantage de vitamine A.

Source : Iannotti, Cunningham et Ruel (2009).

une approche holistique unique de la réduction de la pauvreté qui met l'accent sur le pouvoir d'action potentiel des pauvres, y compris les femmes des régions rurales, en se servant d'un modèle centré sur les organisations villageoises qui offrent une aide sociale et des services de microfinancement. Les volontaires de santé communautaire et les agents de vulgarisation agricole de BRAC travaillent avec les organisations villageoises à l'accroissement de la portée et de l'impact du programme (BRAC 2010).

Les donateurs des économies émergentes jouent à présent un rôle croissant dans l'aide au développement. Dix pays non membres du Comité d'assistance de l'Organisation de coopération et de développement économiques (OCDE) – l'Afrique du Sud, l'Arabie saoudite, le Brésil, la Chine, les Émirats Arabes Unis, l'Inde, le Koweït, la République de Corée, la Turquie et le Venezuela – donnent chacun plus de 100 millions $US par an sous forme d'aide au développement (ECOSOC 2008). Le volume total de l'aide Sud–Sud se monte à 7,8 – 9,8 % des montants alloués à cet effet en 2006 (date la plus récente disponible) (ECOSOC 2008), et des indicateurs montrent que cette part a augmenté depuis. On estime que l'aide générale allouée par la Chine à l'Afrique a presque quadruplé, passant de 684 millions $US en 2001 à 2,5 milliards en 2009 (voir Figure 3 page suivante). La plupart de l'aide au développement va au-delà d'une aide traditionnelle et se laisse mieux décrire comme faisant partie d'un partenariat économique et politique mutuellement bénéfique. Cette assistance est étroitement liée à la promotion du commerce, à l'investissement et à la fourniture d'une assistance technique. L'aide chinoise à l'agriculture africaine, par exemple, a expérimenté avec de nouvelles méthodes combinant aide et coopération économique, y compris coentreprise, contrats de coopération et partenariats publics-privés (Brautigam et Tang 2009).

Adopter une approche par le bas, menée par les pays concernés

En fixant des conditions et en imposant des réformes d'ajustement structurel, les donateurs internationaux ont longtemps influé sur la formulation des stratégies de développement dans les pays à revenus faibles et moyens. Ces réformes – qui mettent l'accent sur la stabilisation, la libéralisation et la privatisation – ont été adoptées à différents degrés à travers le monde dans les années 1980 et 1990 (Rodrik 2004), sans toutefois souvent fournir les résultats attendus parce qu'elles n'avaient pas été traduites de façon satisfaisante en politiques concrètes adaptées aux circonstances locales (Delgado 1997). En Afrique, en regardant au-delà de la région dans la recherche de solutions stratégiques, on a limité autant le registre des possibilités de réforme que l'innovation politique nationale (Ochieng 2007), de nombreuses réformes dirigées de l'extérieur ayant rencontré la résistance des gouvernements nationaux et n'ayant pas été pleinement adoptées.

En outre, dans beaucoup de pays, les réformes ont été introduites par le haut, les gouvernements nationaux jouant un rôle dominant. Les actions gouvernementales ont parfois entraîné des résultats politiques qui n'ont bénéficié qu'à l'élite

Figure 3—Aide de la Chine à l'Afrique, 2001–2009

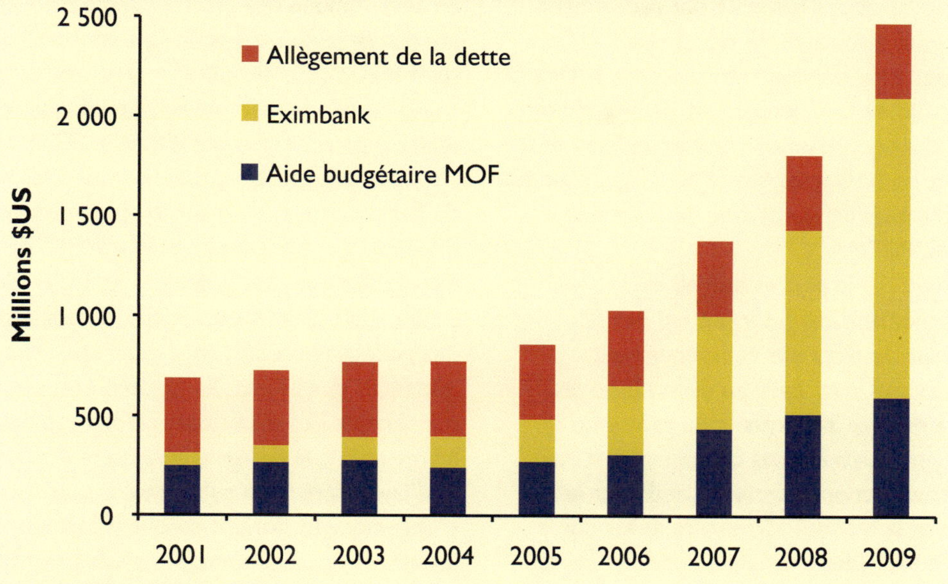

Source : Brautigam 2009.
Note : MOF fait référence au Ministère des Finances chinois.

et ont empêché un développement à grande échelle. Même dans des sociétés démocratiques, les gouvernements locaux jouent un rôle limité dans la formulation des stratégies et n'arrivent pas à suivre les programmes gouvernementaux centraux (Iyoha 2008). Et dans les pays qui sont parvenus à obtenir une large participation dans la formulation des stratégies de développement agricole et rural, il peut être difficile de transformer les résultats de cette participation en politiques nationales réalisables (Resnick et Birner 2008).

Les plus grands succès obtenus dans le renforcement de la sécurité alimentaire ont été en premier lieu générés ou catalysés par des stratégies conduites par les pays eux-mêmes, telles que la Révolution verte dans les pays d'Asie de la moitié des années 1960 au milieu des années 1980, la réforme foncière en Chine de la fin des années 1970 au milieu des années 1980, et la suppression de l'agriculture collective au Vietnam de la fin des années 1980 au milieu des années 1990.

En Inde par exemple, la Révolution verte a été menée par une stratégie gouvernementale détaillée visant à l'augmentation de la production de céréales. Cette stratégie combinait la distribution d'intrants subventionnés (tels que semences et fertilisants à haut rendement disponibles au niveau international), avec des investissements dans l'infrastructure (routes et irrigation), une réforme foncière, des investissements dans la recherche et le développement, des actions de vulgarisation agricole, et des interventions en matière de politique de marketing. La disponibilité de variétés de blé semi-naines développées par des centres de recherche agricole internationaux a été la clé du succès de la Révolution verte, mais c'est l'Inde qui a adapté ces variétés à l'environnement local, et qui a investi dans l'irrigation et les fertilisants essentiels à leur rendement. Tout au long de cette réforme, le gouvernement indien a joué un rôle actif en coordonnant les interventions des donateurs et des partenaires à l'investissement. A la suite de la Révolution verte en Asie, le nombre de personnes sous-alimentées a baissé d'un tiers de 1975 à 1995, tandis que la population augmentait de 60 % durant la même période (Hazell 2009).

À partir de la fin des années 1980, le gouvernement vietnamien a démantelé l'agriculture collective, a attribué aux fermiers des droits d'utilisation des sols et a libéralisé les marchés agricoles, tout en effectuant des réformes économiques de plus grande ampleur (Kirk et Nguyen 2009). En motivant davantage à investir dans l'agriculture, les réformes ont stimulé la croissance agricole jusqu'à 5 % par an en moyenne de 1991 à 2000. Les effets sur la pauvreté et la malnutrition ont été stupéfiants. La proportion d'enfants rachitiques est tombée de 53 à 33 % entre 1993 et 1998, le taux de pauvreté chutant pour sa part de 58 à 29 % de 1993 à 2002.

Le succès des réformes peut être largement attribué à des politiques peu orthodoxes telles qu'une libéralisation partielle qui n'aurait pas été prescrite ni par les donateurs ni par les parties externes (Rodrik 2004). Même là où les politiques étaient fortement influencées par des réformes proposées de l'extérieur, une « déviance positive » a été nécessaire à la génération de solutions politiques fructueuses (Ochieng 2007). Des politiques effectives, efficaces et durables, bien adaptées au contexte local, peuvent aider les pays à maximiser l'impact local de l'agenda mondial et à utiliser l'aide externe au développement, ce qui exige de plus en plus que les pays concernés conduisent eux-mêmes les plans. En Afrique, des gouvernements ont récemment adopté des initiatives africaines de développement prometteuses, placées sous conduite africaine, par le biais du Programme Détaillé de Développement de l'Agriculture Africaine (PDDAA). Dix-huit pays ont déjà signé leurs pactes PDDAA, qui alignent les politiques, stratégies et programmes d'investissement sectoriels agricoles avec les principes, piliers et objectifs du PDDAA.

L'approche menée par le pays va au-delà de l'action menée par le gouvernement. Les réformes qui ont été couronnées de succès n'ont pas été uniquement menées au niveau national, mais aussi au niveau local, les pauvres parvenant à devenir les moteurs du processus de développement. La participation de la communauté a été à l'origine des réformes qui ont permis de renforcer la production agricole et la sécurité alimentaire, telles que l'intensification de l'aridoculture au Sahel. Conduite par les innovations de fermiers dans les pratiques traditionnelles d'agroforesterie et de gestion des sols et de l'eau, cette initiative a amélioré la sécurité alimentaire pour plus de 3 millions de gens (Reij, Tappan, et Smale 2009). Des pratiques telles que l'édification de puits et de remblais de pierre ont fait augmenter le rendement céréalier de 40 à plus de 100 %.

Simultanément, certaines questions – telles que le changement climatique, le commerce et la lutte contre les maladies – doivent être prises en main à l'échelle mondiale. La tâche qui incombe alors à chaque pays est d'assimiler et d'intégrer ces questions en développant sa propre stratégie au niveau national.

Concevoir des politiques s'appuyant sur la base des preuves et des mises à l'essai

Les pays mettent souvent en œuvre des politiques à l'échelle de toute une économie, qui sont basées sur le « jugement d'experts » de décideurs clés au lieu de s'appuyer sur une expérimentation prudente. De nombreuses réformes, telles que les expériences de transition de la plupart des pays postcommunistes, ont eu recours à l'approche façon « big-bang » d'un changement politique rapide et massif, et ce avec des résultats variés. À l'inverse, la réalisation d'essais et d'expériences – sous la forme de projets pilotes et d'essais stratégiques, par exemple – a le potentiel d'améliorer le contenu des mesures politiques en donnant aux décideurs des informations sur ce qui fonctionne avant que les politiques ne soient mises en œuvre à tous les niveaux. L'expérimentation peut augmenter le taux de succès des réformes en permettant d'appliquer à plus grande échelle les projets pilotes réussis et d'éliminer les options stratégiques infructueuses. Mais ce genre d'approches basées sur des preuves sont la plupart du temps réservées aux innovations techniques et scientifiques. En effet, lorsque des projets pilotes trouvent place dans des pays en développement, ils font souvent l'objet de peu de surveillance ou, s'ils sont fructueux, ils ne sont pas appliqués à une échelle suffisamment large pour produire un impact au niveau national (Simmons, Fajans, et Ghiron 2007).

Des expériences peuvent être mises sur pied afin de fournir des preuves sur le mode de conception des réformes, l'ordre à suivre et leur mode de mise en œuvre dans le domaine des politiques agricoles, de l'infrastructure rurale, de la protection sociale, des assurances, du travail et des politiques fiscales. Pour que cette approche réussisse, les décideurs ont besoin de concevoir un cadre approprié d'évaluation des expériences, d'agir rapidement pour créer la marge politique et légale nécessaire aux expériences locales, et d'encourager une culture valorisant l'adaptation et le changement. Ils doivent en outre permettre une surveillance impartiale des expériences réalisées, et transformer rapidement les leçons tirées en réformes à grande échelle. Ces changements peuvent créer un environnement dans lequel les politiques sont continuellement mises à l'essai, testées, ajustées puis de nouveau mises à l'essai. Dans des pays tels que la Chine, le processus de réformes souligne les bénéfices d'une expérimentation soigneuse, très vite traduite en réformes à grande échelle (voir Encadré 4 page suivante).

Dans des domaines tels que l'agriculture, la santé et l'éducation, il peut être difficile d'évaluer les liens de cause à effet entre une intervention et son impact. Les chercheurs ont commencé à mener des essais randomisés contrôlés dans l'expérimentation des mesures politiques, sans faire de compromis au niveau de la complexité du monde réel, pour accumuler des connaissances crédibles sur ce qui fonctionne, ne fonctionne pas et pourquoi. Des essais randomisés contrôlés ont récemment été effectués dans le secteur de l'agriculture – concentrés par exemple sur la façon d'encourager les fermiers à utiliser des fertilisants (Duflo, Kremer et Robinson 2008a, b). Des expériences ont également été effectuées en laboratoire pour comprendre pourquoi les dispositions d'agriculture sous contrat échouaient parfois, et pour identifier des méthodes permettant d'ouvrir les marchés aux petits fermiers (Wu et Roe 2007). Plus largement, les preuves obtenues en expérimentant peuvent fournir de précieux renseignements sur les préférences des gens, ce qui peut à son tour aider à une meilleure conception des politiques. Des expériences sur la façon dont les individus réalisent leurs choix dans des situations d'incertitude dans les pays en développement, peuvent aider à intervenir de façon plus efficace comme dans le cas de l'assurance des fermiers pauvres. Les résultats dépendant fortement des suppositions théoriques et statistiques des expériences, il est essentiel, pour traduire ces derniers en politiques, que les chercheurs

Encadré 4—Expériences politiques de la Chine

En Chine, les réformes agraires ont commencé après deux décennies d'expérience décevante de l'agriculture collective. En 1978, quelques brigades de production de la province pauvre d'Anhui ont fait des tentatives de retour à l'agriculture domestique. Obtenant de meilleures primes à la production, les fermiers sont rapidement parvenus à faire augmenter cette dernière de façon considérable. Les autorités locales se sont alors ralliées à ces méthodes, suivies au bout de deux ans par le gouvernement national. Le nouveau système de contrat foncier avec les ménages s'est ensuite rapidement étendu et a pris le nom de Système de responsabilité domestique. On estime qu'il a contribué pour 60 % à la rapide croissance de la Chine au début des années 1980 (Lin 1992). Le Système de responsabilité domestique a été suivi d'autres réformes, telles que la libéralisation des marchés pour les cultures contingentées et non contingentées, l'introduction d'entreprises publiques cantonales et villageoises orientées vers le marche qui ont mené à l'industrialisation rurale, et l'application partielle de la libéralisation du commerce. Pour apprendre de ce genre d'expériences, les dirigeants politiques chinois ont été aidés par des instituts de recherche puissants, sponsorisés par l'État mais relativement autonomes, tels que le Groupe chinois de recherche pour le développement, l'Académie chinoise des sciences sociales, et le Centre de recherche pour le développement du Conseil d'État. A la suite de ces réformes, les revenus ruraux ont doublé entre 1978 et 1984 et la pauvreté rurale a chuté (voir la Figure ci-dessous). Les réformes ont en outre fait s'accroître considérablement la production agricole et ont amélioré l'accès à la nourriture pour les populations tant rurales que citadines.

Revenu par habitant et taux de pauvreté en Chine rurale, 1978–1997

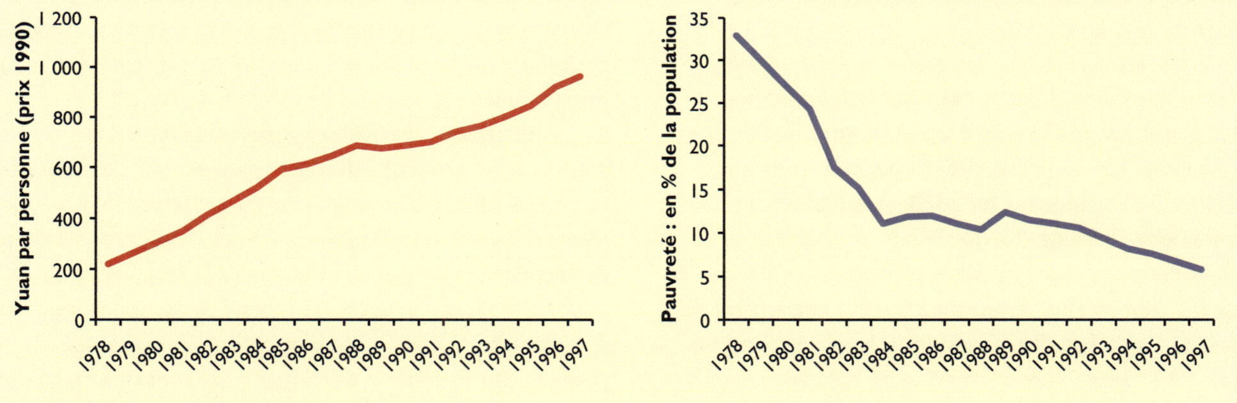

Source Figure : Fan, Zhang et Zhang (2002).

Source : Cet encadré est partiellement basé sur Bruce et Li (2009).

et les décideurs des pays en développement collaborent étroitement (Harrison, Humphrey et Verschoor 2009).

Accorder les actes aux paroles

Les décideurs aux niveaux mondial, régional et national se sont engagés à appliquer des politiques et à réaliser des investissements pour améliorer la sécurité alimentaire, mais, bien souvent, ils n'ont pas tenus leurs engagements. En 2003, les chefs d'État africains ont promis que leurs gouvernements alloueraient 10 % des budgets publics nationaux au secteur agricole d'ici à 2008, mais les données de 2007 montrent que seule une poignée de pays ont atteint cet objectif (voir Figure 4 page suivante). Beaucoup de pays ont également échoué à rassembler la volonté politique ou les ressources nécessaires afin de réaliser en temps voulu les investissements permettant de prendre en main les crises alimentaire et financière. À partir du moment où un problème est reconnu, de nombreuses années peuvent s'écouler avant que les

Figure 4—Part des dépenses agricoles dans le total des dépenses

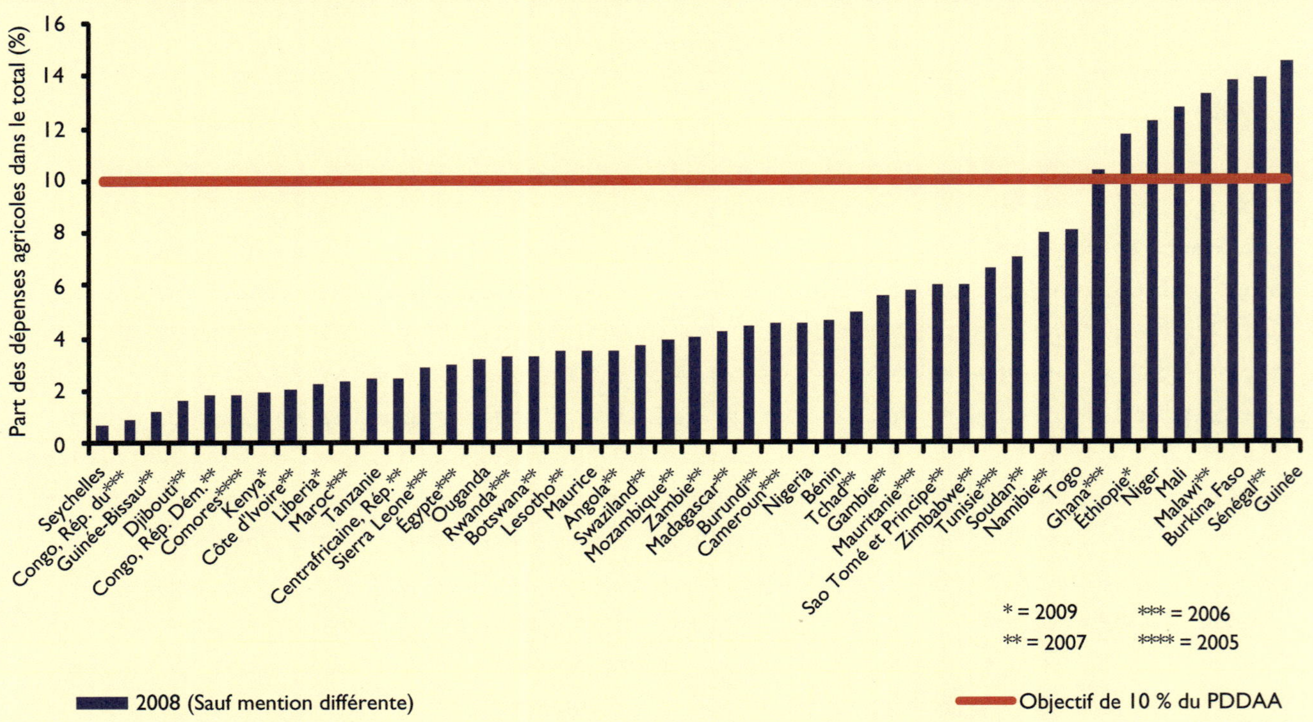

Source : Fan, Omilola et Lambert (2009).

décideurs conviennent du mode d'action à suivre et procèdent à une intervention.

En 2005, les donateurs mondiaux se sont engagés à accroître considérablement l'aide au développement lors des sommets de Gleneagles, du G8 et du Millénaire +5. Cependant, les dernières prévisions montrent que 18 milliards $US manquent en 2010, ce qui affectera principalement l'Afrique (OCDE 2010). En 2008 et 2009, les dirigeants mondiaux ont fait la promesse ambitieuse de s'attaquer à l'insécurité alimentaire. Suite à cette promesse, un nouveau fonds fiduciaire multidonateurs – le Programme mondial pour l'agriculture et la sécurité alimentaire – a été lancé en avril 2010, son objectif étant de passer des engagements opérationnels aussi vite que possible. Comme par le passé toutefois, aucun mécanisme mondial ne permet d'assurer véritablement les responsabilités et de mesurer les progrès réalisés.

L'engagement de ressources et une mise en œuvre à temps peuvent toutefois mener à des politiques efficaces. En réponse à la crise alimentaire mondiale, certains pays ont rapidement adopté et mis en œuvre des politiques détaillées, et réalisé des investissements. Par exemple, de 2007 à 2009, l'Inde a investi 37 % de plus dans l'agriculture et la protection sociale, et la Chine a accru ses investissements de 67 % (Ministère indien des Finances 2009, Portail officiel du gouvernement central chinois 2009). De plus, le gouvernement indien a établi une Mission nationale de Sécurité alimentaire en 2007 pour renforcer la sécurité alimentaire en stimulant autant la productivité que la production agricoles. L'Inde a également renforcé ses programmes de protection, tels que le Programme national rural de garantie de l'emploi.

Aux niveaux mondial, régional et national, les engagements financiers doivent s'appuyer sur des institutions et une gouvernance solides. Une surveillance adéquate et transparente de l'application ajoute aux obligations morales des gouvernements et des donateurs la responsabilité de s'acquitter des promesses réalisées. Les Systèmes régionaux d'analyse stratégique et de gestion des connaissances (ReSAKSS) récemment développés, qui sont une collaboration entre le Groupe consultatif sur la recherche agricole internationale et les communautés économiques régionales influentes en Afrique, assument cette responsabilité pour les objectifs du PDDAA. Pays par pays, les ReSAKSS suivent les progrès réalisés dans la mise en œuvre du PDDAA, en se concentrant sur les dépenses publiques, la qualité des politiques poursuivies et l'intégration des dialogues politiques. Au niveau mondial, le Secrétaire général des Nations Unies a établi le Groupe de travail de haut niveau sur la crise de la sécurité alimentaire mondiale en avril 2008, afin d'aider les organisations internationales à soutenir les gouvernements nationaux à combattre l'insécurité alimentaire. Jusqu'ici, le Groupe de travail a coordonné des efforts de donateurs dans plus de 60 pays, cette coordination ayant été intensifiée dans 33 d'entre eux (Nations Unies 2009).

Suivre à plus grande échelle « une approche inhabituelle »

Actuellement, le nombre de ceux qui ont faim augmente au lieu de diminuer. Le monde risque d'échouer totalement à atteindre l'objectif du Millénaire pour le développement visant la réduction de la faim. Un milliard d'êtres humains continuent à souffrir de la faim et rien ne montre que les actions actuellement menées aux niveaux mondial et national tendent à réduire le nombre d'affamés pour atteindre l'objectif de 584 millions en 2015 – et encore moins à éradiquer complètement la faim.

Pour réduire la pauvreté et la faim, les acteurs mondiaux, nationaux et locaux ont besoin d'opter pour une approche « inhabituelle » en suivant les lignes décrites : investir davantage dans l'agriculture et la protection sociale, veiller à une participation énergique des nouveaux acteurs pour attaquer les problèmes sur plusieurs fronts, adopter un développement par le bas, placé sous la conduite des pays concernés et qui tient compte des conditions et contexte locaux, veiller à une approche des politiques basée sur la preuve, ainsi qu'à un engagement fort et à une action de suivi. Plusieurs pays ont déjà réussi à réduire la pauvreté et la faim grâce à ces approches et leurs expériences montrent la voie à d'autres.

Il existe des nombreux problèmes transversaux á travers les pays et ils doivent donc être pris en main au niveau mondial. Ces problèmes incluent entre autres le changement climatique, la recherche agricole, le commerce et la lutte contre les maladies. Les efforts internationaux et régionaux visant à la réduction de la faim doivent être poursuivis et le système mondial de gouvernance alimentaire lui-même doit être réformé pour mieux fonctionner. Les options de réforme du système mondial de gouvernance alimentaire incluent (1) l'amélioration des institutions existantes et la création d'une structure de coordination pour l'alimentation et l'agriculture ; (2) la formation d'un réseau gouvernemental innovant qui renforce les systèmes décisionnels « de gouvernement à gouvernement » pour l'agriculture, l'alimentation et la nutrition ; et (3) l'élargissement du système actuel pour engager les nouveaux acteurs – le secteur privé et la société civile, y compris les grandes fondations privées – de façon explicite dans le système mondial de l'alimentation, avec les gouvernements nationaux, dans des organisations et accords internationaux nouveaux ou considérablement réorganisés (Von Braun et Islam 2008). Pour relever les défis existants et émergents liés à la sécurité alimentaire mondiale, il est nécessaire de combiner ces trois options, en confiant un rôle de leader aux économies émergentes telles que le Brésil, la Chine et l'Inde.

Les acteurs mondiaux et nationaux ayant des rôles distincts à jouer, il est important qu'ils collaborent et conjuguent leurs efforts pour lutter contre la pauvreté et la faim. Par exemple, ils devraient chercher à aligner les actions des donateurs et des gouvernements nationaux les unes avec les autres, afin de se complémenter plutôt que se concurrencer.

Un système plus fort de responsabilité réciproque entre les deux groupes aiderait à mieux suivre les progrès. Il est difficile de garder la priorité sur l'effort d'atteindre l'objectif du Millénaire pour le développement visant la réduction de la faim d'ici à 2015 – et encore plus sur l'effort d'éradiquer complètement la faim. Les crises alimentaires poussent la faim à l'agenda mondial, mais la fin d'une crise signifie souvent la fin de l'attention portée à la situation critique des malnutris. Les acteurs nationaux et mondiaux peuvent se responsabiliser mutuellement en attirant l'attention sur les promesses tenues et les promesses rompues, et sur les progrès réalisés lors des phases d'avancée et de perte de vitesse. Agissant ensemble à partir d'une approche « inhabituelle », les acteurs nationaux et mondiaux ont besoin de réussir le plus vite possible à réduire la faim et la pauvreté sur une grande échelle, parce qu'une fois que la faim sera réduite de moitié, la moitié du travail restera encore à faire.

Références bibliographiques

AGRA (Alliance pour une révolution verte en Afrique). 2009. *A uniquely African Green Revolution*. Nairobi, Kenya.

Brautigam, D. 2009. *The dragon's gift: The real story of China in Africa*. Oxford, Royaume-Uni : Oxford University Press.

Brautigam, D. et X. Tang. 2009. China's engagement in African agriculture: "Down to the countryside." *China Quarterly* vol. 199, p. 686–706.

BAACH (Business Alliance against Chronic Hunger ou Alliance des entreprises contre la faim chronique du Forum économique mondial). 2010. The Business Alliance Against Chronic Hunger (BAACH) Kenya. http://www.weforum.org/en/initiatives/AgricultureandFoodSecurity/ TheKenyaPilotDistrict/index.htm.

Banque mondiale. 2007. *Rapport sur le développement dans le monde 2008 : l'agriculture au service du développement*. Washington D.C.

———. 2009. *Project appraisal document for Productive Safety Net APL III Project in support of the third phase of the Productive Safety Net Program*. Washington D.C.

———. 2010. *Food price watch*. Réseau de la réduction de la pauvreté et de la gestion économique. Washington D.C.

BRAC (Bangladesh Rural Advancement Committee ou Comité bangladeshi pour le progrès rural). 2010. Pour une vue d'ensemble : http://www.brac.net/index.php?nid=69.

Bruce, J.W. et Z. Li. 2009. *"Crossing the river while feeling the rocks": Incremental land reform and its impact on rural welfare in China*. Document de discussion de l'IFPRI. Washington D.C. : Institut international de recherche sur les politiques alimentaires.

CNFA et WASA (Alliance semencière ouest-africaine). 2010. Renforcer l'industrie semencière et combattre l'insécurité alimentaire en Afrique de l'Ouest. http://www.cnfa.org/our-work/ourprograms/65-west-african-seed-alliance-wasa.

Coady, D. et S. Fan. 2008. Introduction. Dans *Public expenditures, growth, and poverty*, réd. S. Fan. Baltimore MD: Johns Hopkins University Press pour l'Institut international de recherche sur les politiques alimentaires.

Confédération de l'industrie indienne. 2010. Rural business hubs. http://www.rbh.in/default.aspx.

Delgado, C. 1997. *Africa's changing agricultural development strategies: Past and present paradigms as a guide to the future*. Document de discussion 3 sur l'alimentation, l'agriculture, et l'environnement. Washington D.C. : Institut international de recherche sur les politiques alimentaires.

Dercon, S., D. O. Gilligan, J. Hoddinott et T. Woldehanna. 2009. The impact of agricultural extension and roads on poverty and consumption growth in fifteen Ethiopian villages. *American Journal of Agricultural Economics* vol. 91, no 4, p. 1007–21.

Diao, X., P. Hazell, D. Resnick et J. Thurlow. 2007. *The Role of Agriculture in Development: Implications for Sub-Saharan Africa*. Rapport de recherche 153. Washington D.C. : Institut international de recherche sur les politiques alimentaires.

Duflo, E., M. Kremer et J. Robinson. 2008a. How high are rates of return to fertilizer? Evidence from field experiments in Kenya. *American Economic Review* vol. 98, no 2, p. 482–88.

———. 2008b. *Nudging farmers to use fertilizer: Theory and experimental evidence from Kenya*. NBER Document de travail no 15131. Cambridge MA : Bureau National de Recherche Économique.

ECOSOC (Conseil économique et social des Nations Unies). 2008. *Background study for the Development Cooperation Forum: Trends in South-South and triangular development cooperation*. New York.

Fan, S. et C. Chan-Kang. 2005. Returns to investment in less-favored areas in developing countries: A synthesis of evidence and implications for Africa. *Food Policy* vol. 29, no 4, p. 431–44.

Fan, S., A. Gulati et S. Thorat. 2008. Investment, subsidies, and pro-poor growth in rural India. *Agricultural Economics* vol. 39, no 2, p. 163–70.

Fan, S., B. Omilola et M. Lambert. 2009. *Public spending for agriculture in Africa: Trends and composition*. Document de travail no 28. Washington D.C. : Systèmes régionaux d'analyse stratégique et de gestion des connaissances (ReSAKSS).

Fan, S., L. Zhang et X. Zhang. 2002. *Growth, inequality, and poverty in rural China:The role of public investments.* Rapport de recherche 125 de l'IFPRI.Washington D.C. : Institut international de recherche sur les politiques alimentaires.

———. 2004. Investment, reforms, and poverty in rural China. *Economic Development and Cultural Change* vol. 52, no 2, p. 395–421.

FAO (Organisation des Nations Unies pour l'alimentation et l'agriculture). 2008. *Introduction aux concepts de la sécurité alimentaire.* Rome.

———. 2009. *Comment nourrir le monde en 2050.* Rome.

Gilligan, D. O., J. Hoddinott et A. S.Taffesse. 2008. *The impact of Ethiopia's Productive Safety Net Programme and its linkages.* Document de discussion de l'IFPRI.Washington D.C. : Institut international de recherche sur les politiques alimentaires.

Gulati, A., N. Minot, C. Delgado et S. Bora. 2007. Growth in high-value agriculture in Asia and the emergence of vertical links with farmers. Dans *Global supply chains, standards and the poor,* réd. J. Swinnen. Wallingford, Royaume-Uni : CABI Publishing.

Harrison, G., S. Humphrey et A.Verschoor. 2009. Choice under uncertainty: Evidence from Ethiopia, India, and Uganda. *Economic Journal* vol. 120, no 543, p. 80–104.

Hazell, P. 2009. *The Asian Green Revolution.* Document de discussion de l'IFPRI.Washington D.C. : Institut international de recherche sur les politiques alimentaires.

Iannotti, L., K. Cunningham et M. Ruel. 2009. *Improving diet quality and micronutrient nutrition: Homestead food production in Bangladesh.* Document de discussion de l'IFPRI.Washington D.C. : Institut international de recherche sur les politiques alimentaires.

Iyoha, M. 2008. *Leadership, policy making, and economic growth in African countries:The case of Nigeria.* Washington D.C. : Banque mondiale au nom de la Commission sur la croissance et le développement.

Kirk, M. et T. Nguyen. 2009. *Land-tenure policy reforms: Decollectivization and the Doi Moi system in Vietnam.* Document de discussion de l'IFPRI. Washington D.C. : Institut international de recherche sur les politiques alimentaires.

Lele, U. et K. Gandhi. 2009. *M. S. Swaminathan Research Foundation at 21: Report of the Independent Program Review.* Chennai : Fondation pour la recherche M. S. Swaminathan.

Lin, J. 1992. Rural reforms and agricultural growth in China. *American Economic Review* vol. 82, no 1, p. 34–51.

Maluccio, J. A. et R. Flores. 2005. *Impact evaluation of a conditional cash transfer program:The Nicaraguan Red de Protección Social.* Rapport de recherche 141. Washington D.C. : Institut international de recherche sur les politiques alimentaires.

Ministère indien des Finances. 2009. Union budget 2009–2010. http://indiabudget.nic.in/.

Monteiro, C. A., M. H. D.'A. Benicio, W. L. Conde, S. Konno, A. L. Lovadino, A. J. D. Barros et C. G. Victora. 2010. Narrowing socioeconomic inequality in child stunting: The Brazilian experience (1974–2007). *Bulletin de l'Organisation mondiale de la Santé* vol. 88, no 4, p. 305–11.

Nations Unies. 2007. *Perspectives de l'urbanisation mondiale : la Révision 2007.* New York.

———. 2009. *Groupe de travail de haut niveau sur la crise de la sécurité alimentaire mondiale, Rapport périodique, avril 2008-octobre 2009.* Rome, Genève et New York.

Nelson, G. C., M.W. Rosegrant, J. Koo, R. Robertson, T. Sulser, T. Zhu, C. Ringler, S. Msangi, A. Palazzo, M. Batka, M. Magalhaes, R.Valmonte-Santos, M. Ewing et D. Lee. 2009. *Changement climatique : l'impact sur l'agriculture et les coûts de l'adaptation.* Rapport de politique alimentaire. Washington D.C. : Institut international de recherche sur les politiques alimentaires.

Ochieng, C. 2007. Development through positive deviance and its implications for economic policy making and public administration in Africa: The case of Kenyan agricultural development, 1930–2005. *World Development* vol. 35, no 3, p. 454–79.

OCDE (Organisation de coopération et de développement économiques). 2010. L'aide au développement a augmenté en 2009 et la plupart des donateurs atteindront les objectifs d'aide pour 2010. Communiqué de presse, 14 avril. Paris.

Pingali, P. 2007. Occidentalisation de l'alimentation asiatique et évolution des systèmes alimentaires : incidences pour la recherche et les politiques. *Food Policy* vol. 32, no 3, p. 281–98.

Portail Internet officiel du gouvernement central chinois. 2009. Rapport sur les budgets centraux et locaux (en anglais). http://www.gov.cn/english/2009-03/15/content_1259811_3.htm.

Reij, C., G. Tappan et M. Smale. 2009. *Agroenvironmental transformation in the Sahel: Another kind of "Green Revolution."* Document de discussion de l'IFPRI. Washington D.C. : Institut international de recherche sur les politiques alimentaires.

Resnick, D. et R. Birner. 2008. *Agricultural strategy development in West Africa. The false promise of participation?* Document de discussion de l'IFPRI. Washington D.C. : Institut international de recherche sur les politiques alimentaires.

Rodrik, D. 2004. Rethinking growth policies in the developing world. Preparé pour la conférence sur l'économie du développement au Centre d'études Luca d'Agliano, Turin, Italie. Mimeo.

Rosegrant, M.W., C. Ringler, T. Sulser, M. Ewing, A. Palazzo, T. Zhu, G. C. Nelson, J. Koo, R. Robertson, S. Msangi et M. Batka. 2009. *Agriculture and food security under global change: Prospects for 2025/2050*. Document de référence pour le développement de la stratégie et du cadre de résultats du CGIAR.

Simmons, R., P. Fajans et L. Ghiron, réd. 2007. *Scaling up health service delivery: from pilot innovations to policies and programmes*. Genève : Organisation mondiale de la Santé.

Skoufias, E. 2005. *Progresa and its impacts on the welfare of rural households in Mexico*. Rapport de recherche 139. Washington D.C. : Rapport de recherche international sur la politique alimentaire.

Smith, L. 1998. *Can FAO's measure of chronic undernourishment be strengthened?* Division de la Consommation alimentaire et nutrition. Document de discussion no 44. Washington D.C. : Institut international de recherche sur les politiques alimentaires.

Swinnen, J. 2007. *Global supply chains, standards and the poor*. Wallingford, Royaume-Uni : CABI Publishing.

Von Braun, J. et N. Islam. 2008. Toward a new global governance system for agriculture, food, and nutrition: What are the options? *Forum IFPRI*, Mars. Washington D.C. : Institut international de recherche sur les politiques alimentaires.

Von Braun, J., R.V. Hill et R. Pandya-Lorch. 2009. *The poorest and hungry: Assessments, analyses, and actions*. Washington D.C. : Institut international de recherche sur les politiques alimentaires.

Wu, S.Y. et B. Roe. 2007. Contract enforcement, social efficiency, and distribution: Some experimental evidence. *American Journal of Agricultural Economics* vol. 89, no 2, p. 243–58.

À propos de l'auteur

Shenggen Fan est Directeur général de l'IFPRI.

Made in the USA
Monee, IL
05 November 2026

67379798R00017